DÉPARTEMENT DE LA GIRONDE — ENSEIGNEMENT AGRICOLE

Professeur : M. Aug. PETIT-LAFITTE

TABLEAU

DU DÉVELOPPEMENT ANNUEL

DE LA VIGNE

DANS LE CLIMAT GIRONDIN ET DANS LE MIDI EN GÉNÉRAL

SOUS L'INFLUENCE DE LA NATURE ET DE L'ART

EXTRAIT DU **MESSAGER AGRICOLE**

MONTPELLIER
IMPRIMERIE TYPOGRAPHIQUE DE GRAS
1864

TABLEAU

DU

DÉVELOPPEMENT ANNUEL DE LA VIGNE

DANS LE CLIMAT GIRONDIN ET DANS LE MIDI EN GÉNÉRAL

SOUS L'INFLUENCE DE LA NATURE ET DE L'ART [1]

> « Cela est tout certain, que trop ne peut-on cultiver le fonds de la vigne, pourvu que le temps favorise. »
>
> OLIVIER DE SERRES.

Dans l'état de dépendance où nous la forçons à vivre, sous la contrainte que nous lui imposons et avec la civilisation à laquelle nous l'avons associée, la vigne, considérée individuellement, n'est autre qu'un tronc sans beauté et sans grâce, une sorte de champ restreint, d'où la nature et l'art, Dieu et l'homme, font sortir annuellement des branches, des feuilles, des fleurs et des fruits.

Pour obtenir ces résultats, le dernier surtout, le plus important, les moyens employés de part et d'autre ne sont pas les mêmes. Ceux de la nature, essentiellement déterminants, sont très-peu nombreux et d'ailleurs d'une simplicité extrême : c'est la chaleur et l'humidité; on pourrait dire le feu et l'eau. Ceux de l'art, destinés, selon les cas, à exciter ou à modérer, pourraient être ramenés aussi à deux expressions princi-

---

[1] Ce tableau est destiné à servir de résumé et de conclusion à un ouvrage dont nous nous occupons depuis longtemps. (*La vigne dans le Bordelais, considérée par rapport à l'histoire, à l'histoire naturelle et à la culture.*) Il nous a semblé propre à démontrer d'un coup d'œil sous quelles influences se développe annuellement cette plante et quelles sont les conséquences successives de ce développement.

Nous y avons compris, en même temps que les indications relatives à la météorologie et à la culture, les appréciations des divers phénomènes accomplis, sans séparer de ces derniers les impressions qu'ils peuvent produire, les sentiments qu'ils peuvent alternativement inspirer.

L'agriculture, en général, qu'il nous soit permis de le dire ici, quelque étrange que cela puisse paraître à notre époque, surabonde de poésie, et notre grand regret sera toujours de ne pouvoir dignement et complètement la traduire à ce point de vue. Nous le regretterons, en effet, parce que l'agriculture a besoin de toute cette poésie pour faire accepter ses rudes travaux, ses nombreux mécomptes, et, reconnaissons-le aussi, son infériorité relative comme moyen de s'enrichir et de s'élever rapidement.

pales, selon qu'ils se traduisent, ou par des opérations physiques dont le végétal est surtout l'objet, ou par des opérations chimiques destinées à agir d'abord sur la terre.

Ces premiers moyens, considérés dans leur expression la plus générale, sont compris sous le nom de climat. Considérés dans une expression plus restreinte, et eu égard à leur variabilité, c'est ce qu'on nomme l'action météorologique, la météorologie.

L'ensemble des seconds, susceptibles de varier aussi selon les localités et selon les objets, donne lieu à la culture en général, et, dans le cas dont il s'agit, à la culture de la vigne, à la viticulture.

Pour agir sur la végétation, pour déterminer les phénomènes successifs et divers que nous offre cette dernière dans le courant d'une année, la nature, avons-nous dit, n'a que deux moyens : la chaleur et l'humidité; mais ces moyens, d'ailleurs d'une grande puissance, elle peut en varier les expressions à l'infini; surtout elle peut établir, entre ces expressions, selon les lieux et les temps, des rapports qui ajoutent encore à cette variabilité des chances en quelque sorte sans limites.

On voit déjà combien il eût été facile à la nature de rester seule maîtresse de la végétation et de la lancer chaque année, selon son caprice, dans des voies inconnues et où n'aurait pu la suivre la culture, avec ses moyens bornés et nécessairement réguliers.

Heureusement, ce n'est pas ainsi qu'a voulu agir cette première, et, tout en se réservant la puissance qui fait naître le végétal, qui règle son existence et qui le fait mourir, toutes circonstances également communes à l'animal, elle s'est imposé des lois qui font qu'en réalité, dans les climats tempérés comme le nôtre, son action a une régularité et une périodicité d'où résultent les saisons, avec leur contingent de chaleur et d'humidité, même avec les accidents météorologiques propres à chacune d'elles.

Ces saisons sont bien loin de se ressembler, et leur influence sur la végétation établit encore entre elles des différences bien tranchées et bien profondes; et cependant, que faut-il à cette puissante nature pour les produire tour à tour, pour leur livrer alternativement la portion de l'année que chacune d'elles doit occuper? La seule chose nécessaire, c'est de changer les rapports existant entre la chaleur et l'humidité : non pas d'une manière brusque et instantanée, ce qui eût offert encore un grave danger pour les plantes et pour les animaux, mais progressivement et avec tous les ménagements réclamés par ces deux classes d'êtres.

C'est cette régularité, cette harmonie, conséquences de causes en apparences si réduites et si simples, qui inspiraient à saint Chrysostome cette belle réflexion : « Ne semble-t-il pas, disait-il, que ce sont comme quatre sœurs qui ont partagé l'héritage de leur père entre elles, et qui, contentes de leur partage, se renferment religieusement dans leurs bornes et s'accordent à nous faire part tour à tour de leurs dons? Le printemps ranime la nature et la couvre d'une aimable verdure. L'été dote les campagnes d'une riche moisson. L'automne cueille les fruits dans son abondance. L'hiver en jouit dans le sein du repos. »

Considérées au point de vue agricole, par rapport aux influences distinctes qu'elles exercent sur le cultivateur et aux sentiments qu'elles font tour à tour dominer dans son cœur, ces saisons offrent encore des caractères non moins tranchés et non moins distincts.

L'hiver, c'est le repos, sinon celui du corps, au moins celui de l'esprit, que rien ne trouble et dont rien ne saurait encore exciter les appréhensions. La plante dort, et, quant à la terre, Hésiode assure qu'elle ne veut point être entamée par le froid, craignant en ce temps toute sorte de blessures.

Le printemps, c'est l'espérance : tout tend à la faire naître, les animaux, les plantes, la terre même; mais avec elle naissent aussi les sollicitudes qu'avait interrompues la saison précédente.

L'été, c'est la crainte : crainte incessante, crainte légitime, mais bien différente, il faut le dire à la louange de ceux qu'elle assujettit ainsi au régime commun de l'humanité, bien différente de celle qui rend l'homme méfiant, ombrageux, et, lui ôtant tout autre sentiment, a fait dire à l'Evangile : *Où est votre trésor, là est aussi votre cœur.*

L'automne, c'est le contentement que donne enfin le fruit d'un travail long et soutenu; c'est la satisfaction du succès. Trop souvent aussi, hélas! c'est le regret; le regret pour des labeurs inutiles et pour un temps perdu.

Quant au concours que prête à la végétation annuelle de la vigne l'ensemble des pratiques constituant la culture de cette plante, ce que nous avons appelé l'art : fruit de l'intelligence, de l'observation, de l'application soutenue de l'homme, ce concours est puissant, décisif, indispensable. Néanmoins, on le voit, il ne vient qu'en second ordre, et ce serait une grande erreur, une dangereuse présomption, que de l'envisager autrement. « Et celui qui plante n'est rien, disait saint Paul aux Corinthiens, et celui qui arrose; mais Dieu seul qui donne l'accroissement. »

Après ces premières données et avant de nous engager dans la carrière que nous voulons parcourir, un mot d'explication est encore nécessaire par rapport aux deux genres d'expressions que nous aurons à signaler en tête des quatre paragraphes distincts qui vont suivre : celle de la chaleur, celle de l'humidité.

Nous voulons faire un tableau de la vie annuelle de la vigne, tableau dont nous n'exclurons aucun détail, pas même celui que l'on pourrait qualifier de poétique et qui tiendrait cependant une bien large part, s'il nous était permis de dire ou de répéter tout ce qu'offrent d'intéressant, de séduisant, de gracieux, les différents états sous lesquels se présente cette plante dans le cours de l'année.

Cependant, comme nous devons prendre pour bases de nos appréciations des faits positifs — ceux que nous fourniront, d'une part la nature, et de l'autre le concours qu'elle reçoit de l'art, de l'industrie agricole, — nous devons dire ici de quelle manière se produisent ces faits et ce concours, sous quelles formes ils se manifestent.

Dans les climats de la zone tempérée, dans les climats réguliers, la météorologie considère chaque saison comme composée de trois mois justes, ainsi répartis : Hiver : décembre, janvier, février. Printemps : mars, avril, mai. Eté : juin, juillet, août. Automne : septembre, octobre, novembre.

Dans chaque localité où il a été fait des observations assez longues et assez régulières, on est parvenu à connaître quelles étaient, dans leur ensemble et par saison, les expressions distinctes de la chaleur exprimées par la hauteur de la colonne mercurielle dans le thermomètre. On est parvenu à connaître aussi quelles étaient celles de l'humidité, exprimées par l'épaisseur de la couche que formerait l'eau tombée du ciel. Ces premières expressions ont été rendues par des degrés, les secondes par des millimètres.

Mais, comme les degrés ne sont pas comparables aux millimètres, et que la première action signalée git principalement dans cette comparaison, nous avons dû chercher à donner aux uns et aux autres une expression commune, à traduire cette expression par des chiffres.

Ainsi, pour la chaleur, nous exprimons par cent, ou par cent centièmes, la quantité la plus forte que nous obtenons annuellement, celle de l'été, saison qui nous en donne le plus, qui est la plus chaude.

Pour l'humidité, nous exprimons également par cent, ou cent centièmes, la quantité la plus forte, celle que nous obtenons de l'automne, saison qui nous en donne le plus, qui est la plus humide.

De cette manière, rien n'est plus facile que de faire comprendre dans quels rapports se trouvent, suivant les époques de l'année, la chaleur et l'humidité, que d'exprimer ces rapports par des chiffres et de faire pressentir leur influence.

Quant à l'action produite par l'art ou l'industrie agricole, il suffira de rappeler chacune des formes sous lesquelles elle est exercée; chacun des travaux, chacune des façons que reçoit la vigne à mesure que s'écoulent les saisons, à mesure que l'année suit son cours.

Enfin, pour que cette première exposition soit complète, il conviendra encore d'indiquer les résultats généraux que tout cela est appelé à produire : d'abord d'une manière habituelle et telle que le désire la culture; puis d'une manière fortuite et sous forme d'accidents plus ou moins redoutables.

§ I

VÉGÉTATION HIVERNALE DE LA VIGNE
(Décembre, Janvier, Février)

ACTIONS DÉTERMINANTES

DE LA NATURE :	DE L'ART :
Chaleur quotidienne............ 6°,0	Nettoyage et ébarbage des ceps.
Humidité quotidienne........... 2^{mil},2	Fumure.
Rapport de la chaleur à l'humidité............ :: 27 : 79	Taille.
	Échalassement.

RÉSULTATS

HABITUELS :	ACCIDENTELS :
Repos apparent.	Destruction par le froid.
Production de racines.	Souffrance par l'humidité.

> Même lorsque le cep, privé de sa parure,
> Cède aux froids aquilons un reste de verdure,
> Déjà son maître y court, et, reprenant le fer,
> Aux trésors de l'automne aspire dès l'hiver.
> (*Géorgiques*, ch. II.)

Pendant l'hiver, et malgré les apparences contraires, le repos de la végétation n'est pas complet, toute vie n'a pas entièrement cessé chez les plantes. Loin de là, il est en elle des organes qui continuent à fonctionner, des phénomènes vitaux qui continuent à se produire; en un mot, ces êtres ne sont pas morts; circonstance que démontre la physiologie et que confirmeront plus tard d'incontestables résultats.

Parmi ces derniers, en voici quelques-uns d'une appréciation plus facile, d'une constatation en quelque sorte pratique et que l'on peut citer :

1° Un grossissement notable des boutons pendant cette saison; grossissement qui ne peut être que la conséquence du mouvement vital qui les forma d'abord, quel que soit d'ailleurs l'affaiblissement de ce mouvement;

2° Un plus grand grossissement encore de ces boutons et une plus prompte foliation au printemps, chez l'arbre taillé à l'automne; l'hiver ayant accumulé dans ses parties ainsi réduites une quantité de nourriture, nécessairement plus disséminée que chez le sujet taillé seulement au printemps ;

3° Une pousse plus prompte de l'arbre planté à l'automne : de l'arbre qui aura eu plus de temps, par conséquent, pour pomper des sucs que lui a fournis la terre pendant l'hiver ;

4° L'émission pendant l'hiver, conformément aux observations de Duhamel, des petites racines dont se garnissent les arbres dans cette saison de repos : émission qu'a pour but de favoriser la première façon, la façon la plus énergique annuellement donnée à la vigne.

Faisons remarquer, d'ailleurs, qu'il ne s'agit en ce moment que d'une existence extrêmement réduite, d'une existence essentiellement passive et rigoureusement indispensable, pour prévenir la rupture complète que paraîtraient accuser les circonstances extérieures, les phénomènes apparents, entre l'existence active qui a précédé ce repos et celle qui le suivra.

Ce qui se passe ici, par rapport aux plantes, n'est pas sans exemple non plus chez les animaux. Il en est effectivement, parmi ces derniers, que l'on dirait morts durant certaines saisons de l'année, l'hiver particulièrement. Chez eux également, les fonctions de la vie ne sont plus exercées que par les organes les plus indispensables et les plus intérieurs et sans que rien au dehors en trahisse le jeu.

La vigne, qui appartient à la grande division des plantes ligneuses et de plus à la catégorie de ces plantes dites à feuilles caduques, est une de celles qui subissent le plus régulièrement cette mort apparente ; une de celles dont la transformation, pendant l'hiver, est la plus profonde et la plus complète.

A peine les vendanges sont-elles terminées que l'on voit se produire chez elle les circonstances diverses qui devront amener ces changements. Par un phénomène de végétation expliqué ailleurs, ses feuilles prennent d'abord une teinte variant du jaune au rouge plus ou moins vif ; en même temps elles se dessèchent, elles se roidissent de plus en plus, au point que bientôt le moindre vent, la moindre secousse, suffiront pour les détacher des sarments.

Mais la saison qui marche et se fortifie tous les jours, l'hiver, a des moyens bien plus énergiques et bien plus sûrs pour déterminer cette chute et pour la rendre générale. Qu'une première gelée se manifeste, et le changement est complet, et le vignoble tout entier n'offre plus que des troncs noircis, des sarments dépouillés, tout à fait en harmonie avec l'état des jours sombres, pluvieux et froids, à cette époque de l'année.

Aussi, avertis par leur instinct, les hôtes nombreux qui habitaient ces lieux, insectes, oiseaux, et s'en étaient fait un refuge, les ont-ils abandonnés. La grive elle-même a suivi cet exemple, n'y trouvant plus le

fruit dont bien à tort, au dire des naturalistes, on lui reproche d'abuser [1].
Tout au plus, quand le soleil lance encore ses pâles rayons, y rencontre-t-on le pinson, dont l'œil suit sans obstacle les nombreuses évolutions, du tronc au sarment, du sarment à l'échalas, et dont l'oreille saisit avec plaisir le cri joyeux : comme un souvenir de la saison qui a vu finir les beaux jours, comme une espérance de celle qui les ramènera.

Voilà l'œuvre de la nature, voilà le résultat des moyens dont elle dispose pour agir sur la végétation : moyens bien puissants sans doute, mais dont l'action, cependant, résulte beaucoup moins de la valeur et de la force de chacun d'eux que des nouveaux rapports établis entre ces forces respectives; ce qui explique pourquoi, de la part de la nature, les causes paraissent si restreintes et les effets si grands, si divers et si multipliés. En cette circonstance, effectivement, qu'a-t-il fallu à la main puissante du Créateur pour changer d'une manière si complète l'aspect de la végétation, pour remplacer l'activité par le repos, la joie par la tristesse, la vie par une mort apparente? A-t-il fallu changer les moyens employés? Evidemment non, ils sont restés les mêmes : c'est toujours la chaleur et l'humidité : seulement il a suffi d'altérer l'état de leurs rapports précédents, d'abaisser proportionnellement la chaleur, d'élever proportionnellement l'humidité; il a suffi de faire succéder l'hiver à l'automne.

Durant cette mort apparente de la plante à laquelle il prodigue ses travaux et ses soins, le vigneron, qui n'a cessé de s'en occuper quelques jours que pour faire subir à son fruit la transformation capitale d'où résulte le vin; le vigneron, que ses souvenirs et ses affections rappellent auprès d'elle, prend de nouveau le chemin du vignoble. Les choses y ont bien changé depuis le moment où, plein de joie et de reconnaissance, il cueillait ce fruit précieux. Les haies qui le protégeaient sont ouvertes de toutes parts, les échalas sont ébranlés, les sarments sont détachés ou cassés, une épaisse couche de feuilles couvre le sol et comme un vaste ossuaire retentit sous ses pieds. Tout cela néanmoins ne saurait le rebuter : l'expérience lui a appris que c'est ainsi que finissent et commencent ses années de labeurs; comme le père de famille qui prête à ses enfants des qualités qu'ils n'ont pas encore, son imagination lui représente déjà

---

[1] « La grive commune, par exemple, peu de jours après son arrivée dans le Midi
» de la France, a acquis tellement d'embonpoint en se gorgeant de figues, d'olives et
» de raisins, qu'elle devient incapable de fournir, en volant, une longue traite. C'est
» elle qui a donné lieu à ce proverbe : *Saoul comme une grive*, parce qu'on pense
» qu'elle s'enivre en mangeant du raisin. Si les observateurs qui ont avancé ce conte
» avaient fait la part de toutes les circonstances, ils n'auraient certainement pas
» attribué aux raisins l'état d'inertie dans lequel se montre la grive. Pour nous, cet
» état doit être rapporté à deux causes : à l'embonpoint de l'oiseau et aux fortes
» chaleurs de la journée; deux causes qui la rendent paresseuse et incapable de
» voler. » (*Dict. univ. d'hist. nat.*)

tous les charmes que feront renaître le printemps et l'été ; son espérance lui montre en perspective les trésors dont le comblera l'automne; ainsi son courage se trouve raffermi, ainsi son ardeur prend une nouvelle force. Tant il vrai qu'il faut à l'homme, jusque dans ses œuvres les plus précises et les plus mathématiques, des illusions, de la poésie : Dieu merci, l'agriculture ne manque ni des unes, ni de l'autre.

Il va donc cet homme, tout à la fois de la veille, du jour et du lendemain, car en agriculture encore toutes les pratiques se commandent, s'enchaînent et sont solidaires les unes des autres ; il va donc procéder aux opérations que comporte la saison: d'abord à celles qui sont d'une impérieuse obligation et qu'il faut répéter chaque année ; puis à celles qui, de temps à autre, doivent les compléter.

Parmi celles auxquelles le vigneron ne peut se soustraire, nommons, et nous ne pouvons faire davantage ici: la *taille*, qui devra harmoniser le cours de la séve et en utiliser le produit ; qui devra assurer la paix, une paix féconde, là où se seraient sans doute établies une lutte entre les parties du végétal appelées à profiter de cette séve, une prédominance en faveur de produits autres que ceux recherchés par la culture ; l'*échalassement*, le *liage*, etc... qui devront assurer aux sarments un appui toujours utile, souvent indispensable.

Parmi celles qui sont purement facultatives ou réglées par certaines nécessités, certaines périodicités, nommons aussi le *nettoyage*, qui débarrassera le cep de germes d'insectes et de végétation cryptogamique ; l'*ébarbage*, qui lui enlèvera des racines, ou mal placées, ou sans utilité ; la *fumure*, qui ajoutera aux sources d'alimentation dont la terre était déjà pourvue.

Pour le bon accomplissement, pour l'efficacité de ces deux natures d'intervention, il est encore certaines conditions que doit offrir l'hiver, certains excès dont il doit s'abstenir.

Le froid, les fortes gelées font partie de ces conditions ; de même qu'une humidité convenable, due aux pluies, à la neige, aux brouillards.

Parmi les excès dangereux, il faut citer des froids poussés au point de détruire la vigne, comme ceux notamment de 1709, 1789, 1830. Des froids, avec des alternatives trop fréquentes et trop subites de gel et de dégel : danger grave et tout à fait particulier à nos localités. Il faut citer encore une humidité trop abondante et trop constante, susceptible de détremper la terre jusque dans ses plus grandes profondeurs, de gorger la vigne de sucs tout à fait prédisposants à l'action destructive des gelées printanières.

§ II

VÉGÉTATION PRINTANIÈRE DE LA VIGNE
(Mars, Avril, Mai)

ACTIONS DÉTERMINANTES

DE LA NATURE :	DE L'ART :
Chaleur quotidienne............ 13°,2	Première façon.
Humidité quotidienne.......... 2^{mil},2	Relèvement.
Rapport de la chaleur à l'humi-	Ébourgeonnement.
dité...................... :: 59 : 75	Seconde façon.

RÉSULTATS

HABITUELS :	ACCIDENTELS :
Pleurs.	Gelées.
Évolution des bourgeons.	Insectes.
Foliation.	Retard de végétation.
Préfloraison.	

> Mais le printemps surtout seconde tes travaux ;
> Le printemps rend aux bois des ornements nouveaux :
> . . . .
> Et la vigne, des vents osant braver l'outrage,
> Laisse échapper ses fleurs et sortir son feuillage.
> (*Géorgiques*, ch. II.)

On sait quelle est l'action du printemps sur tous les êtres, végétaux et animaux, directement soumis aux lois de la nature : il les réveille, il les excite, il les transforme; en un mot, il en fait des êtres nouveaux et tels qu'ils durent se montrer en sortant des mains du Créateur. Le poëte qui nous fournit l'épigraphe ci-dessus n'a-t-il pas dit encore :

> Le seul printemps sourit au monde en son aurore !

Ce phénomène du réveil printanier est surtout sensible chez les plantes ligneuses, celles auxquelles l'hiver avait enlevé tous les signes de l'existence et qu'il semblait avoir frappées de mort. Il est sensible chez la vigne, plus que bien d'autres accessible aux rigueurs de cette saison et n'offrant, pendant toute sa durée, qu'un tronc noirci par les frimats ;

un tronc que, en certaines contrées même, on traite comme la dépouille d'un animal, en l'enfouissant dans la terre.

Néanmoins, malgré toutes ces apparences, malgré les contradictions, les souffrances mêmes qu'elles accusent, et pourvu que ces dernières n'aient pas été jusqu'à mettre en danger la vie de la plante, comme cela a pu se voir quelques fois, la vigne elle aussi se montre sensible aux impressions du printemps: non pas des premières, il est vrai, et en cela nous devons la louer, mais assez tôt cependant pour se voir exposée encore, dans quelques occasions, à de graves dangers.

Les plantes vivent dans deux milieux : l'atmosphère et la terre. Or, au printemps, dans chacun de ces milieux, une cause apparait, augmente et devient enfin assez forte pour faire cesser leur assoupissement; pour déterminer chez elles les premiers symptômes d'une existence désormais de plus en plus active, de plus en plus complète.

Ces deux causes ont le même principe: de part et d'autre, c'est la chaleur, cette expression générale de la vie, comme le froid est celle de la mort; elles agissent aussi en même temps, mais sur deux points opposés du végétal et sur des organes bien distincts.

Dans l'atmosphère, ce sont ses parties les plus extérieures, c'est son écorce, sur les points où elle est restée flexible et irritable, qui reçoit et utilise les premières impressions d'une chaleur bienfaisante et dont on avait été longtemps privé. La pénétration de ce fluide ranime de proche en proche tous les organes intérieurs; de nouveau, ils se montrent disposés à seconder la vie, et leur premier mouvement est d'appeler à eux le liquide qui devra en fournir les éléments, la séve des racines.

Nous n'appuyerons pas ce premier fait de toutes les démonstrations qu'il doit aux travaux des physiologistes, à ceux de Malpighi, Hales, Saussure, Mustel, de Candolle, etc... Ici les signes extérieurs nous suffiront et nous savons qu'effectivement, dans nos climats, dès que la température, dans sa période ascendante, arrive à l'expression soutenue et moyenne de 7 degrés environ, la vigne procède à son réveil.

Dans le second milieu, dans la terre, c'est encore la chaleur qui agit.

« Le sol est plus chaud que l'air au cœur de l'hiver; cette chaleur excite la vitalité des troncs et des racines, qui se trouvent alors remplis de toute la nourriture accumulée pendant l'année précédente, et elle y fait développer, vers la fin de l'hiver, des radicules nouvelles. Celles-ci, qui ont la fraîcheur et l'activité de la jeunesse, commencent à agir et pompent l'humidité du sol [1]. »

Par ces deux causes combinées, le ligneux devient de nouveau le siège de la vie; comme la graine, de laquelle elles ont aussi la puissance de faire sortir un nouvel être, bientôt on le voit montrer des signes qui ne

---

[1] De Candolle, *Physiologie végétale*, page 429.

laissent plus aucun doute sur les fonctions auxquelles elles l'ont rappelé et qu'elles fortifieront de plus en plus.

Toutefois, ce n'est encore ici qu'un essai, une sorte de préparation de l'existence active, de l'existence utile qui suivra bientôt. Dans leur première absorption, les racines agissent avec beaucoup d'énergie, mais sans le choix et le discernement dont elles feront preuve plus tard. De leur côté, les organes supérieurs, en quelque sorte surpris par cette abondance de liquide non encore suffisamment élaboré, ne peuvent le retenir tout, et, s'il est quelques issues, comme celles qui sont dues à la taille, bientôt on le voit humecter les coupures, les recouvrir et s'échapper sous forme de gouttelettes semblables à des larmes. C'est là ce que les hommes de la pratique, essentiellement observateurs et familiarisés d'ailleurs avec des expressions qui font image, appellent les *pleurs de la vigne*.

De leur côté, les poëtes, frappés aussi par ce phénomène, par ce contraste d'une plante pleurant, alors qu'autour d'elle tout se réjouit, ont voulu en expliquer la cause, et l'un d'eux, celui à qui nous devons le poëme des *Mois*, cette gracieuse peinture de l'existence annuelle des plantes et des animaux, a pensé la trouver dans un sentiment de coquetterie qu'il prête à la vigne, mais que désavouent également la simplicité et la modestie de cette plante. Il dit :

> Honteuse, alors que tout fleurit,
> De recouvrer si tard ses charmes,
> La vigne arrose de ses larmes
> La colline qui la nourrit.

Cependant, les organes que traversait la séve avec tant de facilité ont acquis plus de ton et d'énergie ; ils ont pu l'arrêter à son passage et la retenir. De son côté, ce liquide est devenu plus concret, et les matières nutritives qu'il charriait, absorbées par le ligneux, ont définitivement engagé la plante dans la vie active qui vient de s'ouvrir.

Désormais, chaque jour amène pour elle un progrès nouveau. Les boutons, où reposent des germes que l'été a formés, que l'automne a élaborés et que l'hiver a respectés, grâce aux sollicitudes maternelles de la nature, devenus les points vers lesquels la plante fait affluer la séve, se pénètrent, s'imbibent de plus en plus de ce liquide nourricier, se gonflent et passent ainsi à l'état de bourgeon. Encore quelques excitations de la part des causes extérieures, des températures progressivement croissantes ; encore quelques efforts de la part du végétal et des organes qui fonctionnent en lui, et le bourgeon réagira sur son enveloppe, la contraindra de se dilater, de céder, et enfin de se rompre. Ainsi l'évolution aura lieu, c'est-à-dire l'apparition aux yeux du vigneron, toujours heureux de cette première constatation, du jeune scion, du pampre à l'état rudimentaire.

Comme le papillon au sortir de sa chrysalide, ce scion se montrera d'abord court, ramassé, avec des feuilles ployées en éventail et des boutons à fleurs à peine apparents. Mais tout cela continuera à progresser, l'axe se redressera et s'allongera, les feuilles s'éloigneront, s'ouvriront et s'agrandiront au point de remplir bientôt les fonctions importantes qui leur sont réservées et sans lesquelles la vie de la plante ne saurait être ni complète, ni utile.

Quelle que soit l'importance physiologique des feuilles, nous devons nous borner ici à rappeler cette importance. Nous devons nous borner à la simple mention du concours qu'elles prêtent à la végétation, comme principaux organes évaporatoires, pour les parties aqueuses dont la séve se trouve surchargée et dont il faut la débarrasser, surtout dans l'intérêt du fruit; à la simple mention de l'œuvre chimique qu'elles accomplissent : la nuit, au profit du règne végétal, et le jour, au profit du règne animal, en épanchant dans l'air le fluide indispensable à la respiration et à la combustion.

Comme œuvre du printemps, nous devons citer aussi l'écartement et la disposition en thyrse de ces boutons, d'abord agglomérés et serrés autour d'un axe commun, comme les baleines d'un parapluie ; de ces boutons destinés à former la grappe, ce que les vignerons du Bordelais désignent, dans ce premier état, sous le nom de *mane*.

Enfin, bien que ce dernier résultat de l'influence printanière ne soit pas apparent et qu'il devienne nécessaire, pour s'en assurer, de commettre une indiscrétion, de recourir à la violence, nous devons citer de même la préparation de la fleur dans chacun de ces boutons; ce que les botanistes appellent la préfloraison, c'est-à-dire cet arrangement systématique et régulier des organes de la fleur dans le petit espace qui les renferme, de manière à permettre à ceux-ci, sans délai et dès qu'ils paraîtront au jour, l'action réciproque qu'ils doivent exercer.

Comme nous le disions à propos de l'hiver, ce sont encore des moyens bien réduits et bien simples dont a usé la nature pour opérer tant de changements, pour produire tant de merveilles. La chaleur et l'humidité, tels sont toujours ces moyens, et, quant au mode d'action particulier, on pourrait dire même complétement opposé, qu'elle en a exigé, encore et uniquement, il est résulté d'un simple changement dans leurs rapports. Quand la chaleur était à l'humidité comme 27 est à 79, c'était la mort ; quand ce premier agent s'est trouvé au second comme 59 est à 75, c'est devenu la vie.

L'homme, par son travail et son industrie, s'est aussi associé à cette œuvre, et cette fois dans les plus larges proportions. Sa mission étant principalement d'assister et de seconder la nature dans ce qu'elle fait pour lui, il était juste que, en cette circonstance, capitale et décisive, il ne lui épargnât aucun des moyens dont il dispose.

D'ailleurs, contrairement à ce qui s'était passé l'hiver, ici tous les travaux auxquels il s'est livré ont produit des résultats immédiats; sans délai, toutes ses peines ont eu leur récompense.

Quand il a pénétré dans le vignoble pour le premier labour, celui qui doit ameublir la terre autour des racines qu'a produites l'hiver, qu'achèvera de développer le printemps, et dont nous avons déjà signalé l'indispensable concours, déjà la vigne était en pleurs, déjà ses bourgeons avaient grossi, et bientôt les sarments lui ont offert ces petits bouquets de verdure que rendent si apparents leur nudité et leur teinte foncée.

Plus tard, il s'est empressé d'assurer un appui aux pampres que leur fougue emportait et qu'une foule d'accidents pouvaient détruire. Il est venu aussi, plein de sollicitude pour ceux de ces pampres qui lui promettaient des fruits, les débarrasser de voisins importuns, exigeants et inutiles.

Enfin, une seconde fois il est venu, armé encore de ses instruments de labour, fendre les flancs de la terre, selon les expressions du poëte : non plus, il est vrai, dans l'intérêt de profondes racines, mais pour détruire les herbes, conséquences, elles aussi, de l'influence printanière et du plaisir qu'en éprouve la terre. D'ailleurs, entre l'air et cette dernière, tout le temps de la végétation active il doit exister des relations diverses que peut interrompre le durcissement de sa surface, causé par les alternatives de pluies et de soleil [1].

On le voit, les travaux du vigneron sont nombreux au printemps ; mais ce qui est plus nombreux encore, ce qui le possède, l'inquiète et le tient constamment en éveil, ce sont les sollicitudes qu'il doit aussi à cette saison.

A peine a-t-il vu le bourgeon de la vigne s'ouvrir, à peine a-t-il goûté la joie que lui procure toujours cette première apparition, que déjà il craint pour des trésors ainsi exposés. Il sait avec quel regret l'hiver s'est

---

[1] La partie inférieure de l'air, considérée comme exerçant sur la terre, par son contact immédiat, une action des plus favorables, aurait eu chez les anciens une personnification bien surprenante : celle de Junon, femme et sœur de Jupiter.

Effectivement, les philosophes stoïciens voyaient Jupiter dans l'air supérieur, conformément à ces paroles du poëte Ennius : « Regardez le ciel brillant, que tout » le monde invoque sous le nom de Jupiter; » et Junon, dans l'air inférieur, conformément à ces autres paroles de Cicéron : « L'air, placé entre la mer et le ciel, » est consacré sous le nom de Junon, qui est sœur et femme de Jupiter, parce » qu'il est la ressemblance du ciel, qui lui est exactement lié. Or ils l'ont efféminé » et attribué à Junon, qui est ce qu'il y a de plus impressionnable. »

Nous pourrions ajouter que ces personnifications si diverses ont encore servi à expliquer les querelles de Jupiter et de Junon ; mais nous nous bornerons à faire remarquer tout ce que tirait d'importance l'agriculture à intervenir en de semblables matières.

éloigné et avec quelle hésitation le printemps le remplace. L'expérience lui a appris que, en ces temps critiques, un effort du premier, une faiblesse du second, suffisaient pour tout perdre.

D'un autre côté, cette nature dont il a tant à se louer, et qui lui a déjà donné tant de preuves de bonté, a encore d'autres enfants, qu'elle doit protéger et nourrir. Parmi ces derniers, il en est surtout que leur nombre et leur voracité rendent particulièrement redoutables, quand on songe qu'ils empruntent leurs aliments à la feuille de vigne, encore si petite, si frêle, si tendre, et par ces motifs, justement, tout à fait de leur goût.

Qui répond donc au vigneron que ses pampres ne seront pas assaillis par les insectes printaniers. Il connaît la gloutonnerie du hanneton, il sait qu'en peu de jours ce coléoptère peut enlever aux sarments toutes leurs feuilles. Il sait avec quelle habileté l'eumolpe trace sur ces organes les bizarres caractères qui lui ont fait donner le nom d'*écrivain*. Il n'a pu s'empêcher d'admirer l'industrie qu'emploie l'attelabe pour les rouler en cornet et leur confier sa progéniture. Il n'ignore pas les ruses dont fait usage l'otiorhynque, le charançon gris, pour se glisser dans l'ombre et procéder sans témoins à d'importants dégâts. Il a été témoin de l'incroyable multiplication de l'altise et des torts qu'elle fait comme insecte parfait et comme larve. Il connaît la cochenille et ses plaques cotonneuses. Il a appris encore combien pouvaient lui coûter cher ces beaux papillons si justement admirés, car bien souvent ce sont ses vignes qui ont assouvi la voracité des chenilles d'où ils sont sortis.

L'expérience lui a encore révélé un autre danger. Ce mollusque si lourd, si lent, connu sous le nom collectif de limaçon, peut se ranger au besoin parmi ses plus redoutables ennemis et lui causer les pertes les plus sensibles.

Qu'est tout cela devant l'homme, devant sa force, devant les ressources puissantes qu'il tire de son industrie ? Sans doute, à ce point de vue, de tels ennemis ne seraient pas redoutables et, ni l'insecte, ni le mollusque, ni l'animal déprédateur, quel que soit son rang dans l'échelle organique, ne sauraient se poser en face de lui et le défier. Mais tout cela est protégé par la nature, tout cela a reçu d'elle une arme redoutable, devant laquelle trop souvent on reste impuissant et découragé ; l'arme des faibles, des petits : une faculté de multiplication dont l'imagination est effrayée, une ténacité, une constance, une persistance que rien ne saurait vaincre :

> Patience et longueur de temps
> Font plus que force ni que rage.

Nous devons citer encore un autre désavantage très-réel dans les pays à vins renommés, désavantage dont la première manifestation appartient nécessairement au printemps : le retard dans le début de la végétation, ou ce que l'on appelle assez improprement, il est vrai, le défaut de précocité.

Or l'expérience a effectivement prouvé qu'il était toujours impossible de concilier avec ce retard, avec ce défaut, ces grands succès, ces réussites exceptionnelles, dont se réjouissent également l'agriculture et le commerce, mais qu'il leur est, hélas! trop rarement donné d'inscrire dans leurs annales.

§ III

VÉGÉTATION ESTIVALE DE LA VIGNE
(Juin, Juillet, Août)

ACTIONS DÉTERMINANTES

DE LA NATURE :	DE L'ART :
Chaleur quotidienne............ 21°,6	Pincement ou rognage.
Humidité quotidienne.......... 2^{mil},4	Troisième façon.
Rapport de la chaleur à l'humidité............ :: 100 : 77	Effeuillage.

RÉSULTATS

HABITUELS :	ACCIDENTELS :
Floraison.	Avortement de la fleur.
Fécondation.	Coulure du fruit.
Véraison[1].	Grillage et échaudure.
Maturation.	Grêle.

> Les raisins sont formés, et bientôt la chaleur
> Va peindre de ses feux leur douteuse couleur.
> ROSSET, l'*Agriculture*.

Après l'utile repos de l'hiver, après l'énergique activité du printemps, la vigne se trouve avoir acquis en quelque sorte tous les détails et tous les développements extérieurs que doit lui donner sa végétation annuelle : ses sarments ont atteint leur longueur et leur solidité, ses feuilles leur forme et leur ampleur, ses boutons se trouvent munis du germe précieux

---

[1] Ce mot, qui a le malheur de n'être pas français, et cela se conçoit à merveille puisqu'on n'en avait pas besoin là où il n'y a pas de vigne, exprime, dans le Bordelais, la période de maturation du raisin qui est marquée : dans la vigne rouge, par le changement de couleur du grain ; dans la vigne blanche, par la transparence de ce même grain.

d'où sortiront successivement la fleur et le fruit. A l'intérieur aussi, ses organes vitaux sont dans toute la plénitude de leurs fonctions ; les matériaux qu'ils devaient réunir, les sucs qu'ils devaient élaborer, sont prêts. Tout donc est disposé pour une nouvelle action : non plus, il est vrai, comme la première, dont la plante seule a profité ; mais pour une action destinée à montrer bientôt à tous les yeux les résultats déterminés par les efforts combinés de la nature et de l'art, destinée à conduire ces résultats au point qu'ambitionne ce dernier, car c'est lui, en réalité, qui doit en profiter, qui doit en avoir le prix.

Pour les nouveaux phénomènes dont l'accomplissement va avoir lieu, les deux grandes causes de la végétation, la chaleur et l'humidité, ne doivent plus s'associer d'une manière à peu près égale et balancer l'effort respectif qu'elles ont à fournir. Le moment est venu où l'une de ces causes, la chaleur, va l'emporter sur l'autre de la manière la plus tranchée, déterminant ainsi tous les changements à opérer et ne réclamant de l'autre qu'une sorte de contre-poids, une opposition accidentelle aux excès auxquels elle pourrait se laisser entraîner.

Quand arrive l'été, le vigneron, que tant de travaux ont déjà occupé, se trouve condamné à une sorte de repos. On dirait que la nature, dont il a reçu tant de preuves d'intérêt, veut procéder seule aux premiers actes vraiment décisifs du produit de la plante, particulièrement à celui de la floraison. De là sans doute le proverbe :

> Vigne en fleur
> Ne veut voir ni vigneron ni seigneur.

Mais, si ses bras se reposent quelques instants, il n'en est point de même de sa vigilance, de sa sollicitude : ni l'une ni l'autre ne s'endorment, et d'ailleurs il est, pour les tenir en éveil, des avertissements, des signes dont la nature encore a pris soin de se charger.

Dès qu'il voit, dans son jardin, le lis [1] ouvrir ses blanches corolles, sans hésitation, il peut prendre le chemin du vignoble, et, avant qu'il y ait pénétré, le vent léger qui vient d'en agiter les pampres aura porté jusqu'à lui la suave odeur qu'il exhale de toutes parts.

Effectivement, les mêmes causes météorologiques qui, sous notre

---

[1] Il s'agit ici du lis commun, *Lilium candidum*, type de la belle famille des liliacées. Cette plante croit naturellement, il est vrai, en Suisse, mais on la considère comme originaire de la Palestine, en Syrie, où elle est tellement commune que le Sauveur en parle comme d'une plante dont on se sert pour chauffer les fours. Il dit aussi au peuple que Salomon, dans toute sa gloire, n'était pas vêtu comme le lis des champs.

Cette belle plante a aussi des propriétés médicales. Elle est adoucissante et calmante :

> La racine du lis, sous sa molle épaisseur,
> D'une plaie enflammée amortit la douleur.

climat, font épanouir les fleurs d'une liliacée importée de l'Asie, déterminent aussi la floraison de la vigne, également originaire de cette portion du globe.

Tout le monde sait comment se passe ce dernier phénomène chez la vigne. Les pétales qui font partie de la fleur, privés de leur souplesse par les rayons solaires, commencent à céder à l'effort qu'ils avaient jusque-là contenu. Ils se disjoignent, se dessoudent, non par leur sommet, ce qui, peut-être, serait livrer encore trop immédiatement au contact extérieur les organes délicats de la reproduction ; mais par leur base, par leur point d'insertion sur le disque. Ainsi ces pétales sont poussés de bas en haut, soulevés par le pistil et les étamines, dont l'action commune achève enfin de les expulser complètement. Ils tombent, toujours réunis par leurs sommets et conservant encore cette forme de bourse, de capuchon, de calotte, que leur donnait cette réunion et que n'ont pas sensiblement dérangée les dessoudures, les disjonctions qu'ils viennent de subir [1].

A ce moment, la fleur de la vigne est épanouie. Les cinq étamines qu'elle renfermait, devenues libres, s'éloignent du pistil, sur lequel elles avaient été comprimées jusque-là, de manière à former avec son axe un angle de quarante degrés environ et à faire rayonner autour de lui les anthères qui les couronnent et d'où sortira la poussière destinée à féconder son germe.

Mais ici laissons parler la poésie ; elle seule possède un langage digne des phénomènes qui vont s'accomplir ; elle seule peut nous en révéler les mystères :

> Au centre de la fleur des colonnes légères
> Lancent de leur sommet de fécondes poussières :
> Ces atomes subtils, sur l'ovaire épandus,
> Par de secrets canaux jusqu'au fond descendus,
> De cellule en cellule, à la graine engourdie,
> Vont porter à la fois la chaleur et la vie.
> La corolle bientôt se fane et se détruit,
> Et l'œil peut déjà voir les prémices du fruit.
>
> (Castel, les *Plantes*, ch. III.)

Nous ne pouvons insister ici sur tous ces phénomènes, aussi dignes d'exciter notre curiosité que de commander notre admiration et notre reconnaissance. Seulement nous reviendrons sur la circonstance qui les décèle, sur la circonstance qui trahit en quelque sorte la modestie de

---

[1] Quelquefois, et quand la vigne a éprouvé des souffrances antérieures, ce mode de floraison, tout à fait naturel pour la vigne, peut se faire tout différemment. Les pétales peuvent s'ouvrir par leur sommet et rester adhérents au disque sur lequel ils reposaient. On dit alors que la *vigne fleurit en rose*. C'est un bien mauvais signe pour la fécondation de ses fleurs.

la vigne : cette odeur suave dont l'air se trouve rempli au moment de sa floraison. Les anciens comme les modernes ont fait cette remarque, et tous ont cherché, soit en prose, soit en vers, à exprimer le genre de sensation qu'éprouve l'odorat en cette circonstance.

Dans le *Cantique des Cantiques*, l'époux engage son épouse à le suivre au jardin : « Les vignes sont en fleur, lui dit-il, et on sent la bonne odeur qu'elles exhalent [1]. »

Pline, après avoir dit que la vigne n'était inférieure à aucune autre plante, même à celles qui fournissent les parfums, ajoute : « Aucune odeur n'est comparable à la sienne, quand elle est en fleur [2]. »

Le poëte Martial, voulant exprimer ce que la réalité et l'imagination peuvent offrir de plus suave en fait d'odeurs, s'exprime ainsi : Ce qu'exhale le fruit mordu par la bouche d'une jeune fille; le zéphir qui arrive, après avoir passé sur le safran du coryce; *la vigne, dont les fleurs blanchissent les tendres rameaux*; la prairie, où vient butiner l'abeille, etc.... [3] »

Un auteur français du XVIme siècle, du temps où les choses rustiques n'étaient pas encore traitées au point de vue uniquement matériel et où il était encore fait une petite place au sentiment dont elles abondent, disait, à son tour : « ....Mais, à défleurer seulement les perfections superficielles de la vigne, je m'esbahys de la singularité de son odeur quand elle est en fleur, qui me semble passer les violettes, roses, œillets, jasmins; jusqu'à croire que la vénénosité des serpents ne peut porter cette odeur extrême : laquelle aussi, a dit Marsilius Ficinus, passée en vin, sert de talisman à l'esprit corporel, qu'il n'estime moyen de plus grand efficace, à retenir quelqu'espace de temps une âme preste de partir, que lui baillant à sentir la fumée d'un vin excellent versé dedans un pain chaud [4]. »

L'idée que les serpents fuyaient l'odeur de la vigne, faisons-le remarquer en passant, paraît avoir eu cours au moyen âge. Un poëte de l'Orléanais, qui chanta également la vigne, nous en fournit la preuve :

> Lorsque la vigne est en fleur,
> Nul serpent n'y fait son gîte.
> Fuyez, serpents, d'ici vite;
> Mes vers ont pareille odeur [5].

Enfin, n'oublions pas, comme ayant exprimé avec le plus de bonheur les charmes de cette fleur, un autre poëte français, à qui la langue et

---

[1] Chap. VII, vers. 12.
[2] *Hist. nat.*, L. XIV, ch. 1.
[3] *Épigrammes*, L. III.
[4] Jaq. Gohorry, *Devis sur la vigne*, 1549.
[5] *L'Hercule Guespin*, par Rouzeau, d'Orléans, 1605.

l'art de Virgile, au dire des connaisseurs, étaient également familiers. Dans son *Prœdium rusticum*, le père Vanière dit :

> .... *Nascentis et uvæ*
> *Florea lanugo divinum spirat odorem.*

Il est à regretter, sans doute, que cette odeur, si douce, si suave de la vigne et qui rappelle celle du réséda, soit tellement fugace, qu'il n'ait pas encore été possible à l'art de la parfumerie de la fixer et de la faire entrer dans quelqu'une de ses préparations[1].

On comprend sans peine que l'œuvre si délicate de la floraison de la vigne a besoin, pour son accomplissement régulier et fécond, de rencontrer, dans le temps, des conditions qui peuvent trop souvent lui manquer, au grand dommage des résultats dont elle est le gage premier et essentiel.

Voilà pourquoi les anciens, observateurs habiles, subordonnaient, en cette occasion, Bacchus à Flore, ainsi qu'on le voit par ce vers, emprunté aux *Fastes*, d'Ovide :

> *Si bene floruerit vinea, Bacchus erit.*

Effectivement, pour que Bacchus puisse être, pour qu'il y ait des raisins et que l'on puisse faire du vin, il faut, comme première et indispensable condition, que la vigne fleurisse bien ; que, durant cet acte capital, rien ne la trouble : ni excès, ni défaut de température, ni excès ni défaut d'humidité, ni accident météorologique quelconque, ni contact des hommes ou des animaux.

Cette œuvre capitale et décisive est tout entière du ressort de la nature. C'est sous son influence directe que la plante l'accomplit ; ce sont ses agents qui, seuls, la secondent dans cet accomplissement. Tout ce qu'a pu faire le vigneron, c'est de préparer, de faciliter, par la façon donnée en mai, le concours des forces vitales appelées à agir en cette circonstance ; c'est, dans quelques cas exceptionnels, l'enlèvement de certaines feuilles, pouvant gêner la circulation de l'air, pouvant priver les grappes du contact avantageux de ce précieux agent de la vie des animaux et des végétaux.

Tout ce qu'il peut faire encore et ce qu'il faisait dans un temps où la foi plus vive avait des pratiques plus nombreuses, c'est d'invoquer l'assistance et la protection de Celui qui fut et sera toujours, quoi qu'on

---

[1] Ici, cependant, nous pourrions faire observer que les anciens, plus habiles ou plus raffinés que nous sur ce point, savaient extraire et conserver le parfum de la fleur de vigne, de la fleur de vigne sauvage (*vitis sylvestris labrusca*). Sans autres détails, on peut trouver cette preuve dans Pline. L. XII, ch. 28.

dise et quoi qu'on écrive, le maître de toutes les choses, le dispensateur de tous les biens. Dans les campagnes du Bordelais, l'usage s'est encore conservé, sur quelques points du Médoc, de la Benauge, etc., de placer les vignes sous le patronage de saint Marcellin, et d'attacher aux échalas, le jour de la fête de ce martyr, le 26 avril, des rameaux d'aubépine (*Cratægus oxyacantha*), alors en fleur.

Ici encore il y aurait un signe facile à constater, pour savoir si la coulure sera le partage de la vigne. On a remarqué, dit le père Cotte, célèbre météorologiste, que la coulure de la fleur de sureau (*sambucus nigra*) annonçait assez ordinairement la coulure de la fleur de la vigne.

Or l'arbrisseau dont il s'agit est très-commun dans les haies des environs de Bordeaux, et sa floraison a lieu vers la fin du mois d'avril.

Mais voici, pour le vigneron, le temps d'entrer de nouveau dans ses vignes et de reprendre ses travaux. Le ciel lui a été favorable, la nature a accompli son œuvre; de cet ensemble si délicat et si gracieux de la fleur, il ne reste plus que l'ovaire, fécondé par les étamines et grossi au point de former le verjus, le grain du raisin. La période de la maturation va bientôt commencer. Des phénomènes de la plus haute importance vont s'accomplir dans ce grain, dont le grossissement a pu être favorisé par une pratique consistant à retrancher l'extrémité des sarments qui le nourissent, à débarrasser ceux-ci de la portion herbacée qui les termine et dans laquelle pourraient s'égarer des sucs qu'il importe avec discernement d'assurer au fruit.

Le troisième et dernier des grands mouvements admis par les anciens dans la vie annuelle de la vigne est sur le point de se manifester, et, pour celui-ci également, le vigneron ne doit épargner ni ses soins, ni ses peines. D'ailleurs, bien plus encore qu'à la saison précédente, il lui sera donné d'en apprécier les résultats en quelque sorte sans délai; car la maturation, dès son début, lui montrera les raisins comme il les cueillera bientôt, avec la transparence, la couleur, le duvet qui donnent à ce fruit un aspect si gracieux.

Il entrera donc dans la vigne pour lui donner une troisième façon, pour réveiller l'activité de ses racines, pour rétablir les relations nécessaires de l'atmosphère et de la terre, pour faciliter à celle-ci l'absorption de la fraicheur des nuits, la pénétration et la circulation dans son sein des agents destinés aux solutions et aux combinaisons qui doivent s'y accomplir, dans l'intérêt de la plante.

Il y entrera aussi pour détruire les herbes que la belle saison avait favorisées, et que la terre est toujours disposée à traiter en bonne mère; pour détruire non-seulement celles qui nuiraient par leur abondance, leur exigence et leur transpiration excessive, mais surtout celles dont le voisinage et le contact pourraient répugner à la vigne et imprégner son fruit, à ce moment critique, de goûts et d'odeurs également désavantageux : ainsi la mercuriale (*mercurialis annua*), si commune dans nos vignobles des *Graves*, et si remarquable par son odeur urineuse ; l'aristoloche (*aristolochia clematitis*), plus particulière aux terrains argileux et à odeur non moins désagréable.

Il y entrera enfin pour ramener à la surface du sol les fragments minéraux, silex ou autres, ordinairement abondants dans les terres à bon vin; pour les mettre en position de réfléchir les rayons solaires vers les parties inférieures du raisin ; pour placer celui-ci en quelque sorte entre deux soleils, comme cela a lieu notamment dans les *Graves* de Bordeaux, du Ciron et du Médoc :

> C'est là que les cailloux, par les labours froissés,
> Jettent d'utiles feux vers la souche élancés.
> (L'*Agric.*, ch. II.)

Heureux de voir, à la suite de ce travail et sous l'action d'une chaleur de plus en plus forte, et aussi de plus en plus tempérée par l'humidité répandue dans l'air et par la fraîcheur des nuits, approcher le moment du début de la maturation, le vigneron n'épargne pas à sa vigne la surveillance si nécessaire en ces jours décisifs, le bénéfice de l'*œil du maitre;* cette influence salutaire qui la fait croître sans la toucher, au dire d'Olivier de Serres :

> L'ombre du bon maistre
> Fait la vigne croistre.

S'il s'aperçoit que quelque raisin se trouve privé du contact direct de la lumière et des rayons du soleil; de ces rayons qui doivent, non-seulement le frapper, l'envelopper, l'immerger, mais aussi le pénétrer, entrer et se fixer dans son intérieur, comme l'a dit un ancien poëte :

> Le nectar du Dieu de Naxos
> Doit être un composé d'amour et de lumière.
> Je veux que le raisin dont il fut exprimé
> Ait reçu du Midi l'influence puissante,
> Et que, dans sa grappe naissante,
> Un rayon du soleil ait été renfermé [1].

Si la saison se trouve pluvieuse et que des nuages troublent la transparence de l'air : dans tous ces cas, le vigneron, d'une main intelligente et discrète, vient encore au secours du fruit de la vigne, en enlevant les feuilles qui pouvaient le priver du bénéfice précieux de toutes ces atteintes.

Nous disons d'une main intelligente et discrète, parce que l'opération

---

[1] Ces vers sont une traduction, par François de Neufchâteau, de l'ouvrage de Prosper Randella, publié à Venise, en 1629, sous le titre de : *Vinea, l'indemia et Vino*.

de l'effeuillage ne saurait admettre des règles rigoureuses et fixes : le temps et les circonstances étant de nature à la modifier d'une infinité de manières, à la rendre avantageuse ou inopportune.

Tous ces travaux, tous ces soins, toutes ces sollicitudes sont sur le point d'obtenir leur juste récompense. Le soleil n'a que d'utiles feux, une humidité suffisante en a tempéré l'émission ; la transparence, la sérénité de l'air n'opposent aucun obstacle à la diffusion de la lumière, et des signes, dont l'observation a démontré la valeur, annoncent la dernière et capitale transformation du raisin, sa *véraison*, son changement de couleur. Parmi ces signes, nos praticiens admettent la maturité du fruit de la grande ronce des haies (*rubus fruticosus*).

Ici encore un moment d'arrêt, un instant de repos, sont imposés au vigneron, et la vigne, comme elle a fleuri seule, veut aussi seule mûrir son raisin et le pourvoir des matériaux précieux qu'elle sait lui donner aux grandes années, aux années qui font époque en ce genre, et dont l'histoire ne dédaigne pas de conserver le souvenir.

Ce dernier repos toutefois n'est pas aussi complet, pour le vigneron, qu'on pourrait le penser, et les occupations qui doivent le remplir ne sont pas non plus, de bien s'en faut, étrangères à l'ensemble de ses travaux, au but constant qu'il se propose. Conformément aux conseils de Caton, il emploie le temps que ne réclame plus sa vigne aux préparatifs nombreux et importants exigés par la grande, la capitale, la joyeuse opération qu'amèneront les premiers jours de l'automne. « Ayez soin de faire préparer tout ce qui sera nécessaire pour la vendange, de faire nettoyer les instruments du pressoir, raccommoder les paniers, enduire de poix les futailles et tout ce qui aura besoin de cet apprêt ; profitez des temps pluvieux pour préparer et raccommoder les paniers, etc. [1]. »

Il est à remarquer qu'en réalité la nature, pendant tout l'été, a beaucoup plus fait pour la vigne que l'art, dont l'action, dans ce genre de culture, comme du reste dans toutes les autres, n'est vraiment décisive que lorsqu'il faut préparer un produit quelconque, et lorsqu'il faut le récolter. Entre les grands travaux, les travaux décisifs qui marquent ce début et cette fin, le reste ne consiste plus qu'en une sorte d'entretien, une expectative, une surveillance des grands phénomènes et des transformations successives auxquels la plante, la terre et l'atmosphère travaillent à l'envi. Voilà pourquoi l'homme des champs, appréciateur intéressé, et de la puissance qu'il exerce en certain cas, et de l'impuissance absolue à laquelle il est réduit en certains autres, se montrera toujours mieux disposé pour le sentiment qui encourage, qui console : pour le sentiment religieux. Plus que tout autre, il sent

---

[1] *De Re rustica*, ch. XXIII.

la nécessité d'appeler à son aide un pouvoir qui lui manque, et l'expérience lui a appris combien le sien serait insuffisant pour vaincre toutes les difficultés qu'il rencontre, pour atteindre tous les avantages qu'il ambitionne.

Cet accroissement, cette réalisation du produit attendu pour la vigne, c'est bien à l'été qu'on les doit, à l'été qui voit fleurir la plante, nouer la fleur, grossir le verjus et mûrir le raisin, et si, sous tous ces rapports, les choses se passent convenablement, c'est l'été qui assure et la quantité et la qualité du vin ; le proverbe l'a dès longtemps proclamé :

> *Juin aï lou bin,*
> *Août aï lou gout.*

Mais ici encore combien d'accidents peuvent surgir ; que d'excès, que de défauts peuvent se produire, que de désastres peuvent être redoutés !

Nous avons déjà mentionné les insectes, parce que le printemps les voit naître, parce qu'il peut plus particulièrement leur fournir les aliments qu'ils recherchent ; mais il ne les voit pas toujours mourir, et, d'ailleurs, beaucoup d'entre eux ont la faculté de renaître et de se perpétuer indéfiniment. Certains mêmes, comme le cochylis de la grappe (*Cochylis omphaciella*), attaquent le fruit déjà formé.

Cette fleur, dont nous signalions la délicatesse ci dessus, combien de fois ne la voit-on pas troublée dans ses fonctions et manquer le but essentiel qu'elle doit atteindre ; combien de fois ne la voit-on pas avorter, en totalité ou en partie !

Cet ovaire qu'elle doit féconder et dont elle doit faire un grain de raisin, combien de fois ne le voit-on pas se flétrir, se dessécher et tomber sans résultat utile ; combien de fois ne voit-on pas la vigne couler !

La chaleur, nécessairement dominante en été, peut trop souvent, surtout sous nos climats, se laisser emporter, agir sans le contre-poids salutaire de l'humidité, et alors deux accidents également redoutables sont à craindre.

Il peut se faire effectivement que le raisin soit grillé, comme cela s'est vu trop souvent, et notamment en 1862, les 26 et 27 juillet ; ou bien qu'il éprouve un accident de maturation nommé échaudure et particulièrement funeste à la qualité du produit.

Enfin il peut se faire encore que la chaleur devienne nuisible par sa durée, par sa persistance. Alors les accidents sont, il est vrai, moins immédiats, moins tranchés, mais leurs conséquences sont également funestes : ce sont celles de la sécheresse, si justement redoutée dans tout le Midi, où la liturgie catholique a des prières pour invoquer son terme ;

où elle fut de tout temps regardée comme une des terribles manifestations de la colère divine :

> Les cieux par lui fermés et devenus d'airain,
> Et la terre trois ans sans pluie et sans rosée [1] !

L'humidité, à son tour, peut nuire et par sa quantité et par sa durée. Le ciel peut rester voilé et également impénétrable pour la chaleur et pour la lumière du soleil. L'eau peut abreuver la terre jusque dans ses plus grandes profondeurs, lancer dans la plante une séve trop abondante et dépourvue, d'ailleurs, des éléments assimilables exigés par le fruit à cette époque de l'année. Dans le premier cas, le raisin voit sa maturation arrêtée ; dans le second, les matériaux qu'il renfermait déjà s'altèrent, se décomposent et tombent en pourriture.

Enfin de formidables orages peuvent se former. L'électricité dont l'air est chargé dans la saison chaude, et dont l'influence sur la maturation des fruits paraît avoir été prouvée, peut donner lieu à des tempêtes destructives, à des grêles auxquelles rien ne résiste. En un moment, par ce terrible météore, tout peut être perdu : la récolte que l'on croyait tenir, le bois qui la portait, même celui qui aurait donné la récolte suivante.

Ah ! pour se faire une idée de la promptitude et de la grandeur de pareils événements, il faut les avoir vus ; il faut avoir été témoin de la force, de la pompe, de la solennité que déploie la nature dans ses exécutions ; pour en apprécier les conséquences, pour en comprendre les désastres, il faut avoir parcouru la campagne frappée, avoir vu son désordre et sa tristesse, avoir entendu les plaintes de ceux qui ont tout perdu en quelques instants : la réalité et l'espérance.

[1] Expression empruntée de l'Écriture : *Dominus claudat cœlum.*

§ IV

VÉGETATION AUTOMNALE DE LA VIGNE
(Septembre, Octobre, Novembre)

ACTIONS DÉTERMINANTES

DE LA NATURE :	DE L'ART :
Chaleur quotidienne.......... + 14°,0	Récolte du raisin.
Humidité quotidienne.......... 2^{mil},7	Fabrication du vin.
Rapport de la chaleur à l'humidité................ :: 63 : 100	

RÉSULTATS

HABITUELS :	ACCIDENTELS :
Maturité.	Défaut de quantité.
Vendanges.	Défaut de qualité.
	Gelée.

> « Et étans sortis à la campagne, ils vendangèrent
> » leurs vignes, et en foulèrent les raisins, et firent
> » bonne chère... »
> *Juges, ch. IX, v. 27.*

L'automne, comme le disent les poëtes, c'est le soir d'une belle journée, particulièrement sous notre climat, où l'on est habitué à profiter de ce temps pour se délasser des fatigues urbaines et pour assister à la plus générale, à la plus gracieuse et à la plus joyeuse des récoltes.

Pour la vigne, l'automne est une saison dont elle n'use pas entièrement, au moins d'une manière active, mais qui lui apporte cependant, sous ce rapport, un complément toujours avantageux, souvent indispensable.

Quand arrive le mois de septembre, quand l'humidité va de nouveau l'emporter sur la chaleur, déjà celle-ci a dû, par son énergie et par sa durée, ralentir de beaucoup la végétation active de la plante, même arrêter complétement cette végétation, particulièrement dans ses manifestations extérieures.

La même loi qui interdit aux hommes, s'ils veulent acquérir une grande habileté, de s'astreindre à plusieurs genres de travaux à la fois, paraît aussi s'étendre aux végétaux, et, pour les uns comme pour les autres, il est également vrai de dire : *Chaque chose a son temps et chaque chose en son temps.*

Tant qu'il s'est agi d'ajouter à l'individu végétal, tant que ses dépendances extérieures ont dû se multiplier et grandir, tant qu'il a été nécessaire d'accumuler dans son intérieur les matériaux de son œuvre annuelle, alors sa vie a été complète, active, énergique même. Les moyens employés par la nature pour déterminer cette vie se sont trouvés dans les rapports les plus propres à assurer ces résultats ; ceux qui ont été employés par l'art, pour les seconder, n'ont pas manqué non plus.

Mais quand est arrivé le moment de procéder à cette œuvre annuelle, de former avec toutes les perfections exigées, non pas la graine, qui eût été le but de la plante sauvage, mais le fruit, qui est celui de la plante civilisée, alors le travail a cessé d'être extérieur pour devenir principalement intérieur. Le sarment ne s'est plus allongé, mais il s'est solidifié ; ses parties herbacées ont passé à l'état ligneux; ses feuilles ont acquis de la rigidité et leur couleur est devenue plus foncée; quelquefois même, comme dans certaines espèces, cette couleur a passé du vert au rouge plus ou moins prononcé. Tous ces signes de la fin prochaine de la vie active de la vigne, le praticien les connaît bien, l'observation lui en a démontré l'avantage par rapport au fruit, objet unique, à ce dernier moment, et des efforts de la plante, et de ses propres préoccupations. Il les qualifie en disant que le *bois meurt*, que le *bois est mort*

Non sans doute le bois n'est pas mort et l'hiver même ne le tuera pas ; mais déjà le repos que doit amener cette saison a commencé pour les parties extérieures du cep, et il serait bien fâcheux que des causes naturelles, analogues à celles du printemps, vinssent les raviver.

S'il en était ainsi, si des pluies, qu'accompagnerait nécessairement une diminution relative de température, les faisaient revivre ; si le sarment restait herbacé, s'il s'allongeait encore et prenait de nouvelles feuilles, une sève abondante se répandrait dans le pied et envahirait le raisin, déjà pourvu de tous les matériaux que la maturation devait y élaborer, y transformer. Alors celui-ci, obligé d'agir comme Pénélope, de défaire, sous l'influence de l'humidité, ce qu'il aurait fait sous celle de la chaleur, ne pourrait arriver à une maturité complète et ne pourrait offrir, pour la fabrication du vin, qu'un moût sans consistance, incolore, acide et dépourvu des matériaux nécessaires à une bonne fermentation.

Trop souvent, malheureusement, les choses se passent ainsi ; alors le vin reste *vert*, il a de la *verdeur*.

Un autre accident grave peut encore être la conséquence de faits de cette nature. Le raisin peut être retardé dans sa maturation et des gelées matinales peuvent le surprendre au milieu de ce travail, qu'elles troublent, qu'elles arrêtent, au grand préjudice de ses résultats. Sous notre climat, il est vrai, cet accident est rare; cependant on en cite des exemples assez fréquents pour ne pas l'oublier ici.

Si, au contraire, sous l'influence d'une chaleur et d'une sécheresse qui auraient dû cesser au moins avec l'été, cette mort apparente des parties extérieures de la vigne devenait trop complète; si le concours d'une humidité résultant de pluies salutaires et convenablement réparties, ou des fraîcheurs de la nuit, faisait défaut, l'élaboration du contenu du raisin laisserait aussi à désirer; il en résulterait des expressions tranchées et rudes, qui ne manqueraient pas de se produire également dans le vin. Celui-ci manquerait de souplesse, d'agrément, de finesse; il serait dur.

Tous ces résultats, sans doute la portion souvent très-réduite de l'automne qui agit encore sur la vigne n'est pas ordinairement capable de les produire; mais elle peut y ajouter, elle peut les compléter; quelquefois aussi elle peut en diminuer la manifestation déjà acquise, déjà déterminée par les mois de l'été, que nous avons vu principalement décider du goût, de la qualité du vin.

A moins d'exceptions rares, c'est en septembre ordinairement qu'ont lieu les vendanges, et, en réalité, c'est en octobre que se fait le vin. Aussi les barbares qui envahirent l'empire romain, dans leur enthousiasme pour ce produit, l'une des causes, disent certains historiens, de leur hardie entreprise, donnèrent-ils à ce dernier mois le nom de mois des vins, *windemmonath*.

Les vendanges ! quelle belle, quelle séduisante opération rurale, et combien sont à plaindre les peuples qui ne la connaissent pas ! Sur toute la vaste zone conquise par Bacchus, dont l'antiquité avait fait un héros civilisateur; depuis le centre de l'Asie jusqu'aux bords de l'Océan, sur cette longue traînée qu'a successivement éclairée le flambeau de la civilisation, chaque année, au temps des vendanges, des voix se sont fait entendre, des chants ont retenti pour remercier Dieu du beau présent qu'il faisait à l'homme.

Ah ! sans doute, tout ce qui sort de la main généreuse du Créateur mérite notre reconnaissance : le blé dont nous sommes nourris, la laine dont nous sommes vêtus, etc..., et, cependant, il n'est aucun de ces dons auquel soit réservé un accueil semblable à celui qu'obtient le produit de la vigne. C'est que ce produit est d'une réalisation en quelque sorte instantanée; qu'on peut boire le vin, juger de son effet, et sur le corps et sur l'esprit, au sortir de la cuve.

Chez les Israélites, pour qui les travaux de l'agriculture étaient des préceptes divins, des chants, malheureusement perdus, encourageaient les vendangeurs, et l'usage voulait que, en ces moments d'allégresse publique, on offrît aux passants des raisins.

Chez les Grecs et chez les Romains, observateurs du culte de Bacchus, non-seulement les vendanges, mais tous les travaux de la vigne étaient marqués par des fêtes, par des sacrifices et par des réjouissances. Chez les premiers, des poëtes, tels que Anacréon surtout, avaient dès longtemps composé des chansons que l'on répétait pendant la récolte des raisins, pendant le repas des vendangeurs et pendant les travaux du pressoir. On disait :

> « Une liqueur douce et vermeille,
> » Qui dans ses grains encore est pendue à la treille,
> » Dans la cuve bientôt nous la verrons couler.
> » Nous en boirons à tasse pleine,
> » Nos corps en reprendront une vigueur soudaine,
> » Et libres des soucis qui nous peuvent troubler,
> » Chantant le dieu qui nous la donne
> » Nous attendrons une autre automne. »

Chez les autres, et à un point de vue plus sérieux, nous devons remarquer la fixation des vacances des tribunaux, du 10 des calendes de septembre (23 août) jusqu'aux ides d'octobre (15 octobre), pour donner aux magistrats et au peuple le temps de faire leurs vendanges.

Cette matière avait même mérité, de la part de l'empereur Constantin, une loi spéciale réglant les vacances des moissons (*messivæ feriæ*) du 24 juillet au 23 août, et celles des vendanges (*vendemiales feriæ*) du 23 août au 15 octobre. Réduites par les empereurs Valentinien, Théodose et Arcadius, notamment par une loi du 7 août 389, à un mois chacune, ces vacances furent conservées par les diverses coutumes du moyen âge, et nous voyons encore survivre celles des vendanges, aujourd'hui générales dans les pays qui n'ont pas de vignes, même pas d'automne, comme l'Angleterre, par exemple.

Chaptal, dans l'*Art de faire de vin*, rappelle, peut-être avec la partialité d'un souvenir de jeunesse, le temps où, « presque dans tous les pays de vignobles, l'époque des vendanges était annoncée par des fêtes publiques, célébrées avec solennité. Les magistrats, accompagnés d'agriculteurs intelligents et expérimentés, se transportaient dans les divers cantons de vignobles, pour juger de la maturité du raisin; et nul n'avait le droit de vendanger que lorsque la permission en était solennellement proclamée. »

Ces manifestations joyeuses, trop étroitement liées à la nature de la récolte du vin pour pouvoir être totalement oubliées, se voient encore dans les contrées de grands vignobles, notamment dans celle du Médoc, où les troupes de vendangeurs ont avec elles, au moins dans quelques domaines plus particulièrement assujettis aux traditions, un joueur de violon.

Tous ces usages, il est vrai, toutes ces manifestations d'un temps beaucoup moins préoccupé que le nôtre, sinon des résultats positifs de la culture, au moins des calculs et des combinaisons auxquels ils peuvent donner lieu, tendent de plus en plus à s'effacer, et, comme le faisait observer J.-J. Rousseau à l'auteur du poëme des *Mois*, à Roucher, c'est surtout là où le vin a une grande valeur, où sa production est plutôt industrielle qu'agricole, qu'ils n'ont plus de raison d'être [1].

Malgré toutes ces réalités, malgré tout ce qu'y ajoutent encore les profonds changements opérés dans le caractère français et les habitudes d'un siècle essentiellement calculateur, il n'en reste pas moins que la saison de l'automne et le travail des vendanges marquent, pour nos campagnes, le plus beau moment de l'année. D'ailleurs, c'est celui, c'est presque le seul qui y fixe pour quelques jours les propriétaires, après les voyages de l'été et avant la rentrée à la ville; celui, comme le disait encore le patriarche de notre agriculture, « où l'on voit desloger des grosses villes les présidents, conseillers, bourgeois et autres notables personnes, pour aller aux champs, à leurs fermes pourvoir aux vins : aimant mieux prendre telle peine pour être bien abreuvez que l'être mal en espargnant ce peu de souci qu'il y a en tel mesnage. » Mais il y a plus encore, et c'est ici que le produit de la vigne offre, sur tous les autres, une supériorité marquée ; ce produit a, en outre, le privilége de pouvoir ajouter quelque chose à la valeur morale de celui qui le récolte, de pouvoir intéresser son amour-propre; les bons esprits, dit encore le même auteur, s'accordant à en rapporter cette louange : que celui est estimé homme de bien qui a de bon vin.

A un autre point du vue, la vigne a encore un avantage qui mérite d'être signalé, avantage qui n'eût pas été admis peut-être par les hommes de l'agriculture septentrionale, alors que ceux-ci nous reprochaient la culture de cette plante comme une sorte de servilité pour des traditions qu'il fallait secouer; mais qu'ils ne sauraient méconnaître le jour où nous les voyons s'appliquer eux-mêmes avec tant d'ardeur et de générosité au développement de ces traditions.

Il est à remarquer, en effet, que le vigneron est quelque chose de plus qu'un simple cultivateur, se bornant, comme c'est l'usage pour tous les autres produits de la terre, à récolter et à vendre ces produits. Que même ce titre de cultivateur, dans son sens complet, n'appartient qu'à lui, puisque lui seul accomplit la double mission de créer un produit et

---

[1] Un jour, ce poëte lisant ses vers sur les vendanges au philosophe, celui-ci lui dit : « Remarquez que les peuples dont les vins sont estimés ne connaissent point ces plaisirs vifs et bruyants qui doivent accompagner une heureuse vendange. Il n'y a dans ces pays que de riches propriétaires; et la richesse est toujours triste, parce qu'elle est intéressée, et que l'intérêt est l'ennemi de la joie. Ces hommes d'or affligent de leur présence assidue ceux qu'ils tiennent à leurs gages. Le rire, qui veut la liberté, n'ose se déployer sous des yeux que la cupidité rend sévères. Voulez-vous voir, ajouta-t-il, un tableau réjouissant : transportez-vous dans les vignobles dont le produit, peu recherché des gourmets, est consommé sur les lieux mêmes. C'est là que le travail est mêlé d'une folle joie. Chaque paysan est propriétaire, il boira sa vendange ; et l'on travaille gaiement toutes les fois qu'on travaille pour soi. »

de le transformer. Or le célèbre économiste J.-B. Say a dit : « Celui-là n'est pas cultivateur, qui se contente de recueillir des mains de la nature. »

Après avoir parcouru la carrière ouverte annuellement à la vigne ; après avoir marqué avec soin le concours prêté à cette plante : par Dieu d'abord, dont elle est un des plus beaux présents ; par les hommes ensuite, dont elle est une des plus précieuses ressources, on ne peut qu'éprouver un profond sentiment de reconnaissance pour LE PREMIER, une haute estime pour les seconds.

Cette reconnaissance, elle est trop légitime, trop ancienne, trop douce dans sa manifestation, pour qu'il y ait, dans cette circonstance et dans une des contrées les plus favorisées sous le rapport dont il s'agit, autre chose à faire qu'à la rappeler et à s'y associer.

Cette estime, qui pourrait la refuser aux hommes à qui l'on doit les produits connus dans le monde entier sous le nom général, trop général peut-être, de *vin de Bordeaux ?* Aux hommes qui ont deviné les tendances d'une terre hors de là sans valeur ; choisi la plante à laquelle elle était propre ; trouvé les méthodes de culture qu'elle réclamait, les moyens de transformation qu'exigeait son produit ; créé enfin, pour le pays, un monopole de beaucoup supérieur à tous ceux de l'antiquité ; pour la France, une occasion de richesse, de force, de réputation ; pour le monde entier, une source féconde de satisfactions tout à la fois physiques et intellectuelles :

Bonum vinum lœtificat cor hominis !

www.ingramcontent.com/pod-product-compliance
Lightning Source LLC
Chambersburg PA
CBHW070447080426
42451CB00025B/1944